课本里学不到的

疯狂科学实验

变化与反应

段伟文　主编

中国科学技术出版社
·北　京·

图书在版编目(CIP)数据

课本里学不到的疯狂科学实验. 变化与反应 / 段伟文主编. -- 北京：中国科学技术出版社，2022.10

ISBN 978-7-5046-9800-1

Ⅰ. ①课… Ⅱ. ①段… Ⅲ. ①科学实验—青少年读物 Ⅳ. ①N33-49

中国版本图书馆CIP数据核字（2022）第164754号

主　编　段伟文

编　委　李　红　张铁钢　周劲松　张玲娜　韩雪梅　何帮军　李维刚　李　科　刘　渝　王水峰　沈　丽　李金辉　杨　洋　李宇伟　郭晓光　黄明其　吴圣明　郭镇海　田春华　吴松花　沈文略　欧庭高　陆宇平　黄利华　邹胜亮　刘新成　朱承钢　肖显静　方　炜　段天涛　汤治芳　陈喜贵　何树宏　晏　波　徐治利　来秋元　吴圣环　李仁斌　姜继为　胡小林　王溶冰　卢义顺　汤　丽　李　东　余建国

插　图　高　亮　杨　光　翰墨怡香

策划编辑　邓　文
责任编辑　李　睿　郭　佳　白李娜　梁军霞
责任校对　邓雪梅　张晓莉
责任印制　李晓霖

中国科学技术出版社出版
北京市海淀区中关村南大街16号　邮政编码：100081
电话：010-62173865　传真：010-62173081
http://www.cspbooks.com.cn
中国科学技术出版社有限公司发行部发行
鸿鹄（唐山）印务有限公司印刷
*
开本：710毫米×1000毫米 1/16　印张：60　字数：1500千字
2022年10月第1版　2022年10月第1次印刷
印数：1—10000册　定价：158.00元（共10册）
ISBN 978-7-5046-9800-1/N・295

前言

科学素质是公民素质的重要组成部分，也是少年儿童成长为合格公民的必备素质。科学素质的基础是了解必要的科学技术知识，掌握基本的科学方法，树立科学思想，崇尚科学精神。科学素质的培养要从娃娃抓起，为了成长为建设创新型国家的主力军，广大少年儿童不仅要掌握必要的和基本的科学知识与技能，还要积极开展各种生动有趣的科学实验，从中体验科学探究活动的过程，培养良好的科学态度、情感与价值观，将自己造就为具有创新意识、探究兴趣和实践能力的有用之才。

科学探究的动力来自人们对自然界与生俱来的好奇心。边缘长满小齿的草叶让鲁班发明了锯，头顶上的浩瀚星空使托勒密和哥白尼想到了宇宙体系，对教堂里吊灯微微摆动的关注使伽利略发现了单摆的等时性，对苹果落地的好奇让牛顿找到了万有引力，对孵小鸡都感到新奇的好奇心让爱迪生给人类带来了电灯、留声机等数以千计的发明。利用自然的力量造福人类的理想，为我们带来了日新月异的科技文明。作为现代文明标志的电话、电视、汽车、计算机，无一不是科技的力量与人类的目标相结合的产物；绿色能源、深海潜水、载人航天的成功，无一不是创新与人类的需要相互激荡的结果。

科学并不神秘，更没有什么代表科学力量的“魔法石”，科学的本质在于好奇心和造福人类的理想驱使下的探索和创新。大自然喜欢隐藏她的奥秘，往往不直接回应我们的追问，但只要善于思考、勤于动手、大胆假设、小心求证，每个人都能像科学大师一样——用永无止境的探索创新来开创人类的文明。

小朋友，快快翻开这套书，用你们与生俱来的好奇心和造福人类的纯真理想开创一条探索创新之路吧！

目录

食盐水的扩散

虽然肉眼看不见，但事实上气体和液体分子一直在不停地运动。通常情况下它们的移动是随意的和没有目标的。但当它们所处空间存在分子密度差时，从整体上看，它们就会从密度大的空间向密度小的空间运动，这个过程被称为扩散。扩散现象在生活中比比皆是：厨房里炒菜的香味很快就会弥漫到屋子的每个角落，干涸的土壤能立刻“吞”掉洒在地面上的水……人体内也不断地发生着扩散，这对于细胞实现其机能至关重要。例如，空气中的氧气先通过口鼻等呼吸器官进入肺部，再由肺泡扩散到毛细血管中。在本节的实验中，让我们借助气球，亲自验证一下扩散现象的存在吧。

·探索主题·

扩散现象

提出假说

液体之间密度差的大小会影响扩散的程度。

搜集资料

查找相关资料，了解扩散的基本知识。

实验材料

1. 食盐
2. 小气球 3 个
3. 干净的杯子、勺子各 1 个
4. 有刻度的大烧杯 1 个
5. 碗 2 个
6. 漏斗 1 个
7. 搅拌用的小棍或筷子 1 根
8. 大小相同的小桶 3 个

·实验设计·

制造密度差，产生扩散条件；看看密度差不同所导致的扩散程度的变化。

实验程序

1. 在3个小桶中各装入3升左右的水；在大烧杯中装入一半容量的水。
2. 利用漏斗在1个气球中装入1杯水作为对照组。把气球的口系好放入烧杯中，通过烧杯中水的上涨程度判断装水的气球的体积，记录下来。然后再将气球放入1个桶中。
3. 配置两种浓度的食盐水：在两个碗中分别加入3勺食盐和9勺食盐，然后再分别加入两杯水。用小棍或筷子搅拌，直到所有食盐都溶解在水中。
4. 取1号溶液（3勺食盐+2杯水）1杯，用漏斗装入1个气球中。对此气球的处理同步骤2。

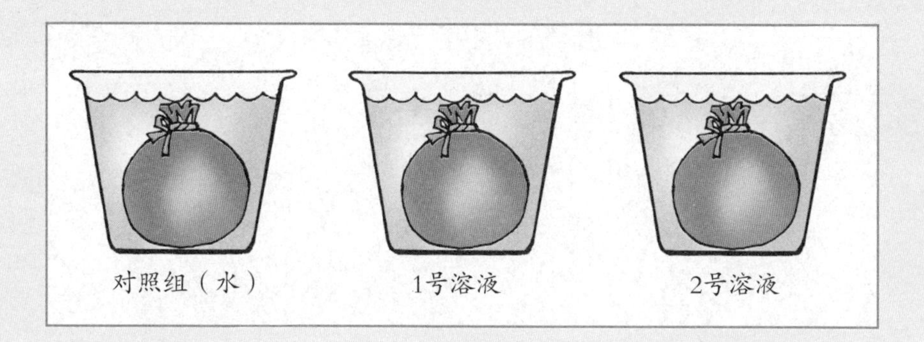

5. 取2号溶液（9勺食盐+2杯水）1杯，用漏斗装入剩下的气球中。对此气球的处理同步骤2。
6. 将3个小桶放在安全的地方过夜。第二天取出3个气球，先用肉眼观察气球的大小变化；再利用大烧杯确定它们现在的体积，记录下来。
7. 整理好实验器材，将实验场所打扫干净。

· 实验数据 ·

项 目	对照组气球	1 号溶液气球	2 号溶液气球
开始的体积（A）			
最后的体积（B）			
体积变化（A－B）			

分析讨论

1. 气球的体积变化与扩散程度是什么关系？
2. 3个气球中哪个体积变化最大？为什么？
3. 3个气球中哪个体积变化最小？为什么？
4. 液体密度差与扩散程度到底有什么样的关系？

发散思考

你认为气球的材料或结构（比如厚薄度）会影响扩散程度吗？请设计实验动手验证一下你的想法。

认识半透膜

世界上的事物似乎总是会往平衡的方向发展变化，比如热量会从温度高的物体向温度低的物体传递，最后达到温度平衡；气体分子或液体分子会从高密度区域扩散到低密度区域，达到最后的密度均衡。但有的时候，我们并不需要这样的平衡，而是要保持一种不平衡的状态。例如，人类发明了保温杯，在天冷的时候阻止杯内食物或水的热量外散；在人体内则有一些半透膜（让某些物质通过而另一些物质不能通过的膜），让某些不能进入细胞内的物质即使在高密度情况下也只能乖乖地待在细胞外，而不能扩散到细胞内部。借助平时使用的塑料袋，我们可以更直观地看到半透膜的“过滤”功能。

探索主题

半透膜

提出假说

半透膜允许一部分物质通过，同时会阻碍另一些物质通过。

搜集资料

查找相关资料，了解半透膜和扩散的基本知识。

实验材料

1. 1升大小的烧杯（带有刻度）两个
2. 小烧杯一个
3. 小的透明塑料袋两个
4. 淀粉
5. 水
6. 碘酒（配有滴管）
7. 勺子

实验设计

将半透膜置于有密度差的溶液中，并用试剂检测物质的扩散情况。

实验程序

1. 准备淀粉溶液。在小烧杯中装适量的水（注意不要加满），加入适量淀粉，搅拌后制成淀粉溶液。再将淀粉溶液倒入一个塑料袋中，将袋口封好。
2. 在大烧杯中装入一定量的清水，从刻度读出其体积；再将装有淀粉溶液的塑料袋浸没在此烧杯中，读取此时的体积；两个刻度相减即为淀粉溶液的体积。将数据记录下来。
3. 在另一个塑料袋中装入适量清水，封好口。该塑料袋作为实验的对照组。按照步骤 2 的方法得出水的体积。记录数据。
4. 在两个大烧杯中分别装入适量的水，使两杯水的水位基本平齐，再各滴入10～20滴碘酒。搅拌后将装有淀粉溶液和清水的塑料袋分别放入（注意将装淀粉溶液的塑料袋表面清洗干净，不要遗留淀粉在上面）。观察此时两个烧杯中和两个塑料袋中的溶液颜色，记录下来。

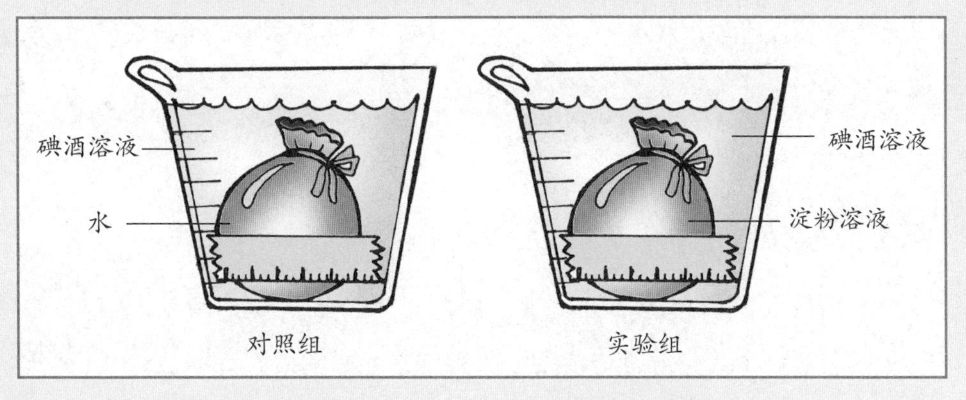

5. 将两个大烧杯放置在安全的地方过夜。第二天查看两个烧杯中的溶液颜色和塑料袋内的溶液颜色是否发生变化（碘酒与淀粉接触会变蓝色），并按照步骤 2 确定两个袋子内溶液的体积是否发生了变化。将结果记录下来。
6. 整理好实验器材，将实验场所打扫干净。

· 实验数据 ·

项 目	控制组（水 / 碘酒）	淀粉（淀粉 / 碘酒）
初始体积（A）		
最后体积（B）		
体积变化（A－B）		
初始颜色（塑料袋内）		
最后颜色（塑料袋内）		
初始颜色（烧杯内）		
最后颜色（烧杯内）		

分析讨论

1. 淀粉能不能扩散到塑料袋外面的清水中?
2. 碘酒能不能扩散到塑料袋中?
3. 水能不能通过塑料袋?
4. 塑料袋是如何行使“选择”权的?

发散思考

1. 如果塑料袋内外的溶液都变了颜色（同时含有碘酒与淀粉），这个实验就是失败的。失败的原因可能是什么? 应该怎么解决?
2. 从塑料袋的“过滤”表演当中，你能推测出细胞膜是如何“选择”进入细胞内的物质的吗?

酸碱中和

酸和碱是两类重要的化学物质，也是生活中常见的物质。酸性物质溶于水会产生大量带正电的氢离子（H^+），其pH值小于7；碱性物质溶于水会产生大量带负电的氢氧根离子（OH^-），其pH值大于7。H^+与OH^-能结合在一起生成水（H_2O），而酸性物质和碱性物质本身所含的其他离子会结合在一起生成中性物质——盐，这个过程被称为酸碱中和。需要注意的是，这里的“盐”不是指我们平常所吃的食盐，而是指所有金属离子与酸根离子结合生成的化合物，而食盐——氯化钠只是盐类物质中的一种。

· 探索主题 ·

酸碱中和

提出假说

酸性溶液与碱性溶液会发生中和反应，生成中性的盐和水。

搜集资料

查找相关资料，了解酸、碱、盐的基本知识。

实验材料

1. 自制指示剂（将一片紫甘蓝叶撕成6～8小片，放在装有水的烧杯中加热5分钟左右，捞出菜叶，让着色的溶液冷却）
2. 干净的无色透明塑料杯子一个
3. 醋和发酵粉适量
4. 小勺

· 实验设计 ·

利用酸碱指示剂测定酸碱中和后是否生成中性的盐类物质。

安全提示

本实验必须在家长或其他成人的看护下进行。

·实验程序·

1. 在一个干净的杯子中放入一勺发酵粉。
2. 向杯子中倒入一勺指示剂溶液，并用勺子搅拌。注意观察紫色指示剂是否变色；如果变了，变成了什么颜色？将你观察到的结果记录下来。
3. 接着向杯子中缓慢地加入一些醋，注意杯中溶液的颜色变化，直到其变成紫色，这表明醋已将发酵粉完全中和。(因为中和反应生成的水和盐都是中性的，不会让指示剂变色，所以当酸碱中和反应完全时，杯中的溶液会恢复成原来的紫色。)
4. 继续往杯中加入一些醋，观察溶液颜色的变化，记录下来；然后倒入适量的发酵粉，再观察溶液的变化，并记录下来。
5. 整理好实验器材，将实验场所打扫干净。

·实验数据·

项 目	指示剂变色情况
在发酵粉中加入指示剂	
往杯中加入醋直至中和完全	
再往杯中加入醋	
往杯中加入发酵粉	

分析讨论

1. 指示剂加入发酵粉溶液中变成蓝色，说明了什么？
2. 再加入醋后又变成什么颜色，说明了什么？
3. 什么样的现象说明酸碱完全中和？

发散思考

1. 酸碱中和必须在水中进行吗？有没有可能在酒精等液体中进行？为什么？
2. 盐都是中性的吗？有没有碱性或酸性的盐？如果有，它们是怎么生成的？

铁生锈的条件

小时候，我们会观察到一些生活中的现象，虽然可能并不理解其中的道理，但对现象却很熟悉。“铁会生锈”就属于这样一种情况。在生活中很容易见到铁制物品上的斑驳锈迹：马路上用了一段时间的垃圾桶、公共汽车上的座位和把手、家里搁置很长时间不用的铁钉…… 铁生锈其实是铁和空气中的某些物质发生了化学反应，生成了红褐色的铁锈覆盖在铁制物品上。你可能会觉得铁生锈与水有关，因为平日里我们存放铁制品时都尽量放在干燥的地方。你的感觉是正确的吗？如果是正确的，除了水，还有别的物质与铁生锈有关吗？在本节实验中，我们就来探索一下铁生锈的条件。

·探索主题·

铁生锈现象

提出假说

铁生锈需要水和氧气。

搜集资料

查找相关资料，了解铁锈产生的化学变化过程。

实验材料

1. 两个大小相同的钢丝球（刷锅用的）
2. 两个相同的、有金属盖的玻璃瓶
3. 水
4. 两支不高于玻璃瓶的蜡烛
5. 火柴
6. 少量黏土（或橡皮泥）
7. 秒表

·实验设计·

将铁暴露在空气中，待表面产生铁锈后，检查空气中的氧气是否被消耗；同时比较不同湿度下铁制品生锈的情况，看水对铁锈产生过程的影响。

·实验程序·

1. 在两个瓶子上分别标上记号，将一个钢丝球浸湿，放在A玻璃瓶中；另一个干燥的钢丝球放在B玻璃瓶中，将两个瓶子分别盖紧。
2. 把它们放置在阴凉、黑暗的地方待三天。
3. 请家长帮你点燃一支蜡烛。
4. 打开放有湿润钢丝球的A瓶，请家长帮助将蜡烛放入瓶子中并快速地盖上瓶盖。
5. 用秒表测算蜡烛在瓶子中燃烧的时间，记录下来。
6. 对另一个瓶子重复步骤3—5的操作。
7. 等两支蜡烛都熄灭以后，从瓶子中取出两个钢丝球，观察其表面有没有铁锈。将观察结果记录下来。
8. 整理好实验器材，将实验场所打扫干净。

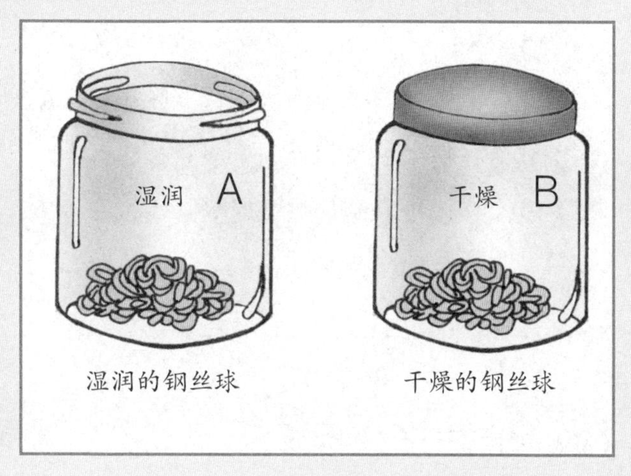

·实验数据·

项 目	蜡烛燃烧时间	是否生锈
干燥的钢丝球		
湿润的钢丝球		

分析讨论

1. 干燥的钢丝球与湿润的钢丝球哪个更容易生锈？为什么？
2. 蜡烛在瓶中的燃烧时间代表了什么？
3. 哪个瓶子中的蜡烛燃烧时间更短？其内钢丝球生锈的程度如何？
4. 铁锈产生的条件是什么？

发散思考

1. 知道了铁生锈的条件，你能想到用什么办法减少或消除铁生锈的可能呢？
2. 除了使用蜡烛燃烧的方法，你还能想到用什么方法去证明产生铁锈会消耗氧气呢？

铁生锈会放热还是吸热？

我们周围的所有物质都是由原子构成的，那么这些原子又是靠什么结合在一起的呢？我们为什么不能把这些物质都掰开成一个一个的原子呢？这是因为原子和原子之间靠着化学键结合起来，其中蕴含着巨大的化学能，使得物质中（尤其是固体物质）的原子能紧密结合。接下来我们就来做个实验，探索一下这看不见摸不着的化学能究竟有多大。

· 探索主题 ·

化学能

提出假说

铁生锈的过程中会发生化学能与热能的转化。

搜集资料

查询相关资料，了解化学能与热能的简单知识。

实验材料

1. 4 个大的泡沫杯子
2. 铝箔
3. 7 个钢丝球
4. 醋
5. 4 支温度计
6. 橡胶手套或外科手术中用的手套
7. 纸巾
8. 大碗

· 实验设计 ·

通过化学反应释放或吸收热能的现象，让实验者对化学能产生直观认识。

·实验程序·

1. 用铝箔将杯子的顶部封住。
2. 将7个钢丝球放到大碗里，用醋完全浸泡（为了去掉其表面的涂层，使其更快地生锈），然后取出，并用纸巾把它们表面的水吸干。
3. 在第一个杯子里放1个钢丝球，第二个杯子里放入2个，第三个杯子里放入4个，第四个杯子空着（用于对比）。
4. 将温度计的水银球穿过铝箔轻放到钢丝球里，但水银球不要碰到杯子的底部。

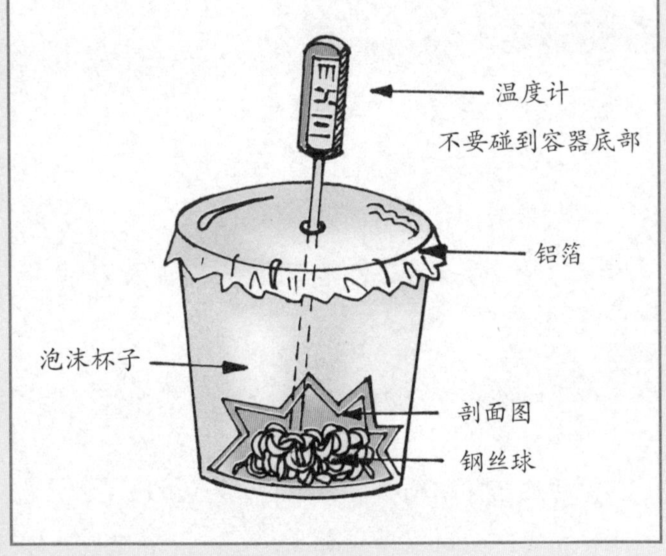

5. 在第二个、第三个和第四个杯子中重复上一步骤。
6. 将4个杯子放到没有热源能影响其温度变化的地方。钢丝球（铁）会立刻开始生锈。其导致的温度变化很缓慢、很微小，因此一定要避免外部条件影响其温度变化，例如阳光或能发热的灯。
7. 每隔10分钟观察并记录一次这4个杯子的温度变化。
8. 整理好实验器材，将实验场所打扫干净。

·实验数据·

项 目	杯子的温度			
	10分钟后	20分钟后	30分钟后	40分钟后
第一个杯子				
第二个杯子				
第三个杯子				
第四个杯子				

分析讨论

1. 杯子的温度变化说明了什么?
2. 钢丝球的数量对杯子中的温度变化有没有影响?
   如果有，是怎样的影响?
3. 铁生锈的化学过程中会吸热还是放热?

发散思考

1. 铁生锈的本质是什么?我们应该怎么避免让铁生锈?
2. 试着用其他金属重复这个实验，看看别的金属在氧化时会放热还是吸热?

溶解过程到底是吸热还是放热？

我们都知道，如果把白糖放入水中，白糖就会溶化，原先的白糖跑到哪里去了呢？原来，糖发生了溶解，形成了糖水。这个溶解的过程还伴随着化学能与热能这两种能量的转化。下面我们就一起来研究一下不同物质在溶解过程中分别会发生些什么。

探索主题

化学能与热能

搜集资料

查找相关资料，了解溶解过程。

提出假说

溶解过程中会发生化学能与热能的转化。

实验材料

1. 4 个烧杯
2. 1 个量筒
3. 1 根玻璃搅拌棒
4. 1 个小勺
5. 1 支温度计
6. 500 毫升蒸馏水
7. 15 克氯化钙
8. 15 克碳酸氢钠
9. 15 克硝酸铵
10. 安全眼镜或护目镜
11. 橡胶手套或外科手术专用手套

实验设计

观察物质在溶解过程中温度的变化，了解该过程中化学能与热能的转化。

安全提示

实验过程中要用到危险和有毒的物品，所以整个过程一定要在成年人的看护下完成。在所有的实验步骤里都要戴好手套和护目镜（以防液体溅到眼里）。

实验程序

1. 将4个烧杯放到干净平稳的桌面上，用量筒给每个烧杯里倒上50毫升蒸馏水。
2. 将温度计放入第一个烧杯里，这个烧杯里只有蒸馏水。在表格中记录温度的变化，以便与其他烧杯发生的情况进行比较。
3. 用小勺将一半的氯化钙样品放入第二个烧杯里，轻轻地搅拌直到氯化钙完全溶解到蒸馏水中。
4. 将温度计放入氯化钙溶液的烧杯里，每隔30秒记录一次温度的变化，一直到5分钟之后。完成记录后，记住要用室温下的蒸馏水清洗温度计和搅拌棒。
5. 分别用碳酸氢钠、硝酸铵重复步骤3和步骤4。记住每次实验完后都要用蒸馏水清洗所有工具。

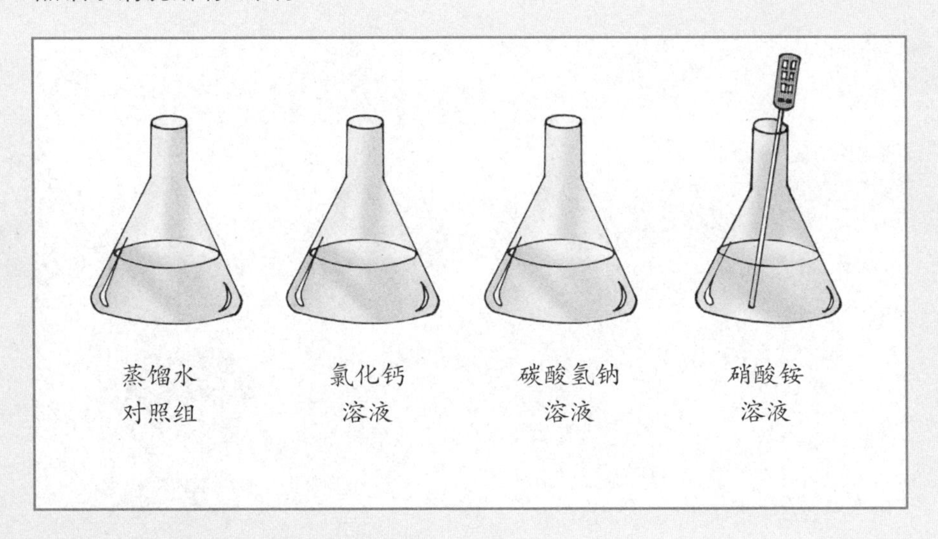

6. 整理好实验器材，将实验场所打扫干净。

·实验数据·

项　目	溶液的温度				
	30秒	1分钟	1分半钟	2分钟	2分半钟
蒸馏水					
氯化钙溶液					
碳酸氢钠溶液					
硝酸铵溶液					

分析讨论

1. 溶液温度上升说明了什么?
2. 溶液温度降低说明了什么?
3. 哪些物质在溶解过程中会吸热，哪些物质在溶解过程中会放热?

发散思考

1. 思考一下样品在水中溶解过程的本质是什么? 样品在这个过程中发生了怎样的变化?
2. 为什么有的样品溶解时会释放热量，而有的样品溶解时却会吸收热量?

胶和硼砂混合后，到底发生了什么？

我们周围有许多种物质，如果细心观察的话，你就会发现每种物质都有一些基本的属性。只要物质还是原来的物质，那么这些属性就不会发生改变。比如我们可以将一块木头削成各种形状，但不管是什么形状，它都还是木头而不会变成石头。如果物质的属性发生变化，那么原来的物质也就变成了新的物质，即发生了化学变化。下面我们也来试着让一种物质变成另一物质，看看在这个过程中到底发生了什么？

探索主题

化学变化

搜集资料

查找相关资料，了解物理变化和化学变化的基本知识。

提出假说

化学变化会生成新物质。

实验材料

1. 胶水
2. 水
3. 食用染料
4. 3个带有盖子的广口瓶
5. 硼砂
6. 标签
7. 勺子
8. 量匙
9. 能密封的塑料袋
10. 护目镜

安全提示

实验过程中需要有成年人陪同，而且一定要避免硼砂等化学药品接触到衣服、桌子和其他家具。

实验设计

形态变化证明化学变化中有新物质生成。

实验程序

1. 将3量匙（约50毫升）的水和等量的胶水放到一个广口瓶中。
2. 在该广口瓶中加入几滴食用染料。
3. 将广口瓶的瓶盖盖上拧紧，然后用力摇匀，直到胶溶解到水中。在广口瓶上贴上标签“实验”。
4. 在另一个广口瓶中重复以上过程，贴上标签“对照”。
5. 在第三个广口瓶中倒入3大汤勺的水，慢慢放入2量匙（约30毫升）硼砂，放置几分钟使其混合在一起。
6. 小心地将第三个广口瓶中多余的水倒在下水道里。
7. 用勺子挖取一勺硼砂和水的混合物放到贴有“实验”标签的广口瓶内。
8. 重新盖好盖子拧紧后，把“实验”和“对照”两个广口瓶用力摇至少两分钟。将这两个广口瓶中观察到的现象记录到表格里。
9. 打开“实验”广口瓶的盖子，将生成的物质倒出来，观察其物理性质（颜色、形状等）。
10. 将这些黏稠物质用密封的塑料袋保存起来。整理好实验器材，将实验场所打扫干净。

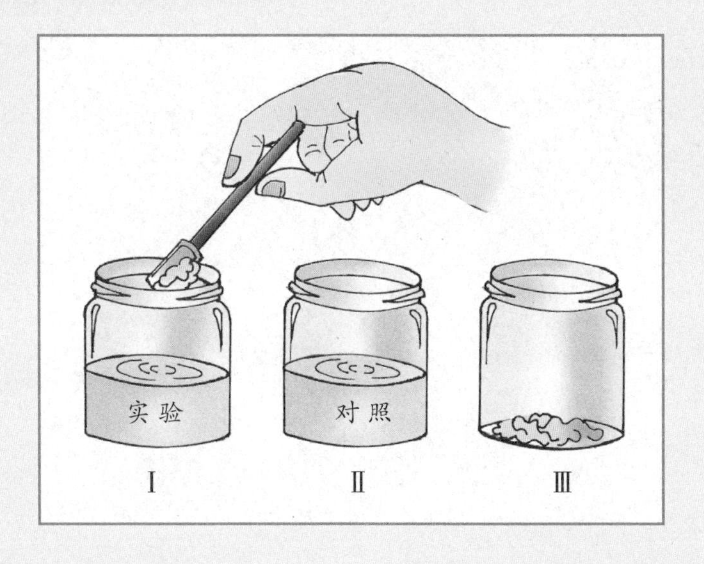

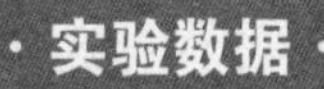

·实验数据·

时 间	“实验”广口瓶	“对照”广口瓶
实验之前		
半小时后		
一个小时后		

分析讨论

1. 胶本身的形态是什么样的?
2. 加入硼砂后胶的形态有没有变化? 如果有，是怎样的变化?
3. 你的实验现象能证明新物质的产生吗? 为什么?

发散思考

1. 如果混合两种物质时不把它们使劲摇匀，结果又会有怎样的变化?
2. 如果使用不同种类的胶，会生成同样的物质吗?

矿物油、水和碘酒混合时会发生什么？

在我们周围发生着各种各样的变化，比如洗过的湿衣服晾干了和做饭时煤气的燃烧等。那么你知道这两个变化过程有什么不同吗？前者是物理变化，因为衣服还是衣服，只是水变成水蒸气了；而后者则是化学变化，因为煤气和氧气结合生成了二氧化碳，同时释放出了热能，煮熟了饭。下面我们就来做个实验，观察发生化学变化时都会有哪些特点。

·探索主题·

化学变化

搜集资料

查找相关资料，了解物理变化、化学变化的基本知识。

提出假说

化学变化中有新物质生成。

实验材料

1. 两个带盖子的广口瓶（比如装花生酱的瓶子）
2. 标签
3. 水
4. 一瓶碘酒（瓶口带有滴管）
5. 矿物油
6. 量杯
7. 护目镜

安全提示

记得戴护目镜（墨镜也可）保护眼睛。小心不要把碘酒或矿物油滴到衣服或家具上。

·实验设计·

颜色变化证明化学反应中有新物质生成。

实验程序

1. 两个广口瓶中的一个用来做实验，另外一个则用来做对照，分别贴上相应的标签以免混淆。
2. 在每个广口瓶中倒入约60毫升水。
3. 在用来实验的广口瓶中加5滴碘酒。
4. 再向两个广口瓶中倒进约60毫升矿物油。在表格中记录观察到的现象。
5. 用两只手握住两个瓶子，然后使劲摇上两分钟。再次在表格中记录观察到的现象。
6. 整理好实验器材，将实验场所打扫干净。

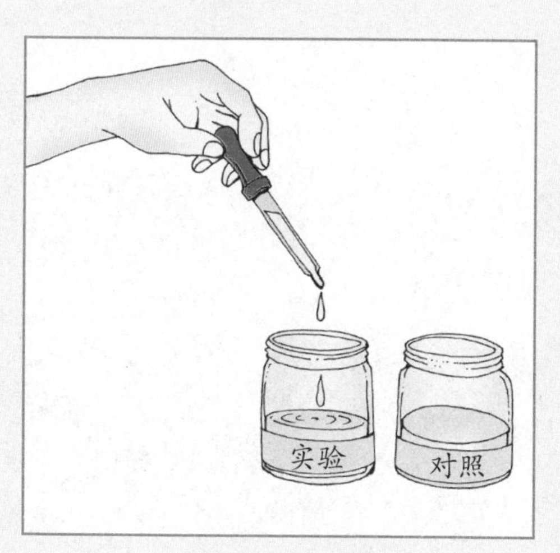

在实验瓶中加进碘酒。

双手用力摇动广口瓶。注意握紧。

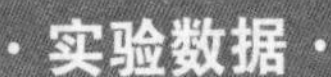

· 实验数据 ·

状 态	实验瓶	对照瓶
加了碘酒后		
加了矿物油后		
用力摇瓶子后		

分析讨论

1. 往碘酒中倒入矿物油后，碘酒的颜色是否发生变化？这说明了什么？
2. 当你充分摇动瓶子后，瓶内溶液的颜色是否发生了变化？为什么？
3. 实验结果是否能证明产生了新物质，为什么？

发散思考

1. 油的种类会影响实验结果吗？尝试设计新的实验来找到答案。
2. 实验结果会受到水温的影响吗？请设计新实验来检验你的想法。

分离悬浮液和溶液

混合物，顾名思义，是指由多种成分混合而成的物质。我们平常所接触的大部分物质都是混合物。不过，有些混合物，比如沙土和水混合成的泥水，因为沙土很容易在水中沉淀，所以很容易被分离开。而另外一些混合物，比如食盐水或白糖水，由于体积较小的食盐分子或糖分子是均匀分布在水中的，即使长时间放置也不容易产生沉淀，所以它们是较为稳定的混合物，不容易分离出其成分。这两种混合物分别被称为悬浮液和溶液。

在实际生活中，我们经常需要将混合物的组成成分分离开来。而混合物的类型不同，分离方法也不同。下面，我们将试着用过滤和蒸发两种方法来分离悬浮液和溶液。

· 探索主题 ·

混合物的分离

搜集资料

查找相关资料，了解混合物的相关知识。

提出假说

过滤方法可以分离悬浮液，蒸发方法可以分离溶液。

实验材料

1. 2 个小煎锅（或其他可加热的容器），直径为 12 厘米左右
2. 加热器（火炉、电炉或酒精灯等）
3. 4 个干净的、大小相同的广口瓶
4. 3 杯蒸馏水（纯净的水，里面不要有溶解物）
5. 适量的沙石
6. 2 ~ 3 个柠檬
7. 3 张过滤纸
8. 水果刀、汤匙、漏斗各一件

安全提示

在使用水果刀和加热时要注意安全，应由家长陪同操作。

· 实验设计 ·

让悬浮液中体积较大的粒子不能通过过滤器；让溶液中的水变成气体。

·实验程序·

1. 小心地将柠檬切成两半，使劲挤压，让柠檬汁流入一个广口瓶中。注意不要掺入柠檬籽等固体物质。然后在这个广口瓶中加入一杯蒸馏水，放在桌面上。在第二个广口瓶中倒入一杯蒸馏水，再放入3勺沙石，搅拌后放在桌面上。
2. 在第三个广口瓶中只倒入一杯蒸馏水，作为实验的对照瓶。
3. 搅拌三个瓶子中的混合物，然后仔细观察瓶中形态，看看是否与记录表中已经填出的情况一致（参见实验记录表）。注意在每个瓶子中搅拌后都要将汤匙清洗干净。

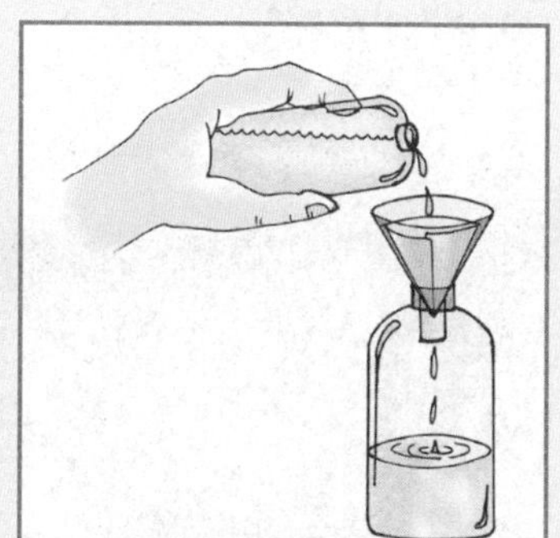

4. 把过滤纸折成圆锥体，放入漏斗中。然后把漏斗倒置于空着的广口瓶瓶口。把沙石与水的混合物倒入漏斗中，液体会经过过滤纸滤入广口瓶中，而沙石等固体会留在过滤纸上。注意观察广口瓶中液体的情况，记录在表格中。
5. 替换下用过的过滤纸，分别对柠檬汁与水的混合物、蒸馏水进行与步骤4相同的操作。观察它们在过滤后的形态，记录在表格中。
6. 把柠檬汁与水的混合物倒入小煎锅中，用加热器加热，让液体蒸发一部分。当煎锅中只剩下几汤匙的液体时，停止加热。把小煎锅放在安全的地方冷却。
7. 对蒸馏水进行与步骤6相同的操作。
8. 把盛有柠檬汁混合物、蒸馏水的小煎锅放在通风处，让其自然蒸发。定期检查小煎锅内物质的情况，直到两个小煎锅内的液体完全消失。注意观察此时两个小煎锅内是否有固体物质留下，将结果记录在表格中。
9. 整理好实验器材，将实验场所打扫干净。

· 实验数据 ·

项　目	搅拌后	过滤后	蒸发后
柠檬汁和蒸馏水混合	混浊液体		
沙石和蒸馏水混合	混浊液体，有可见颗粒		
纯净蒸馏水	透明液体		

分析讨论

1. 泥水是悬浮液还是溶液？为什么？
2. 柠檬汁是悬浮液还是溶液？为什么？
3. 有什么现象证明泥水通过过滤被分离了？
4. 盛有柠檬汁的小煎锅内的固体物质是什么？这说明了什么？

发散思考

1. 请举出生活中常见的分别属于悬浮液和溶液的例子。
2. 请思考悬浮液和溶液有没有可能在一定条件下发生转化，比如本来是悬浮液的混合物经过加热等简单处理后就变成了溶液。

胶体的分离

除了悬浮液和溶液外，还有第三种混合物——胶体。胶体中的每个胶质颗粒四周都围绕着一层带负电的粒子，当颗粒受到的电荷排斥力达到平衡时，它们会均匀地分散在媒介当中。牛奶、白明胶、黏土和烟雾等就是由固体、液体和气体以不同方式组成的胶体。

胶体的分离相比悬浮液和溶液的分离要困难一些，仅靠过滤和蒸发都不能分开组成胶体的成分。但是当胶体被加热时，胶质颗粒受到的电荷力再也不能束缚它们，它们会逐渐地聚结成块，并慢慢沉淀下来。这个被称作凝结的过程，是分离胶体的重要过程。

探索主题

胶体的分离

提出假说

胶体的分离需要凝结和过滤。

搜集资料

查找相关资料，了解胶体的相关知识。

实验材料

1. 加热器（火炉、电炉或酒精灯等）
2. 两个干净的厚玻璃瓶（必须是耐热玻璃）
3. 一个小煎锅（或其他可加热的容器），直径为 12 厘米左右
4. 适量的牛奶
5. 适量蒸馏水（纯净的水，里面不要有溶解物）
6. 适量的沙石
7. 过滤纸
8. 汤匙、漏斗各一件

安全提示

1. 选用耐热的厚玻璃瓶，以免倒入加热后的牛奶时瓶体破裂造成伤害。
2. 在加热时要十分小心，应由家长陪同操作。

·实验设计·

通过加热使胶体凝结，再将凝结物过滤出来。

·实验程序·

1. 将适量牛奶倒入一个玻璃瓶中，再加入少量蒸馏水，搅拌后观察瓶中的形态，将结果记录下来。
2. 将牛奶从玻璃瓶中倒入煎锅中，用加热器加热。待牛奶沸腾后停止加热。
3. 稍微冷却后，再次把牛奶从煎锅倒回玻璃瓶中。静置较长时间，待牛奶完全冷却后，观察它的形态，记录结果。
4. 把过滤纸折成圆锥体，放入漏斗中。把漏斗倒置于空着的玻璃瓶瓶口，接着将经过加热又冷却后的牛奶倒入漏斗中，观察是否有凝结物留在过滤纸上；同时观察漏入玻璃瓶中的液体的情况，将结果记录在表格中。
5. 整理好实验器材，将实验场所打扫干净。

·实验数据·

项 目	搅拌后	加热并冷却后	过滤后
牛奶（胶体）			

分析讨论

1. 加热并冷却后的牛奶形态发生了什么变化？这是什么过程？
2. 为什么可以使用过滤方法来分离凝结物？
3. 凝结和过滤过程中需要注意什么问题？

发散思考

1. 除了牛奶，你还能想到别的胶体吗？
2. 想想该如何分离烟雾这样的由固体和气体组合而成的混合物呢？

是火成岩、沉积岩还是变质岩？

岩石是由多种矿物混合而成的固体物质。按照形成方式的不同，岩石可以分为三大类：火成岩、沉积岩和变质岩。火成岩是由滚烫的岩浆冷却后形成的。如果岩浆是通过火山喷发到达地表的，形成的岩石被称为火山岩。沉积岩也称水成岩，是由沉积在湖底或海底的岩石颗粒混杂着动植物尸体，在数百万年的岁月里，逐渐被厚重的地层压挤在一起而形成的。所以沉积岩中可能存在各种各样的动植物化石。变质岩是深埋在地底的火成岩或沉积岩受到地球内部热度和压力的共同作用，形状和矿物类型发生改变后的产物。由于形成过程不同，三种岩石之间有很大的区别。在本节实验中，我们将学习辨别火成岩、沉积岩和变质岩所需的最基本的知识。

火成岩

变质岩

沉积岩

·探索主题·

岩 石

搜集资料

查找相关资料，简单了解地质变化与岩石形成。

提出假说

火成岩、沉积岩和变质岩具有不同特征，可凭借这些特征来分辨它们。

实验材料

1. 锤子
2. 颜色、大小、纹理等特征不相同的多种岩石样本（如花岗岩、石板岩、石灰石、煤等）
3. 放大镜
4. 放鸡蛋用的纸盒（有一个个小格子）
5. 记号笔
6. 护目镜
7. 坚固厚实的桌面或木板

安全提示

在实验过程中要戴上护目镜。

·实验设计·

通过寻找岩石的典型特征来确定岩石的类型。

·实验程序·

1. 将各种岩石样本放在桌面或木板上。戴上护目镜，用锤子小心翼翼地将岩石砸开，露出一个新的截面。

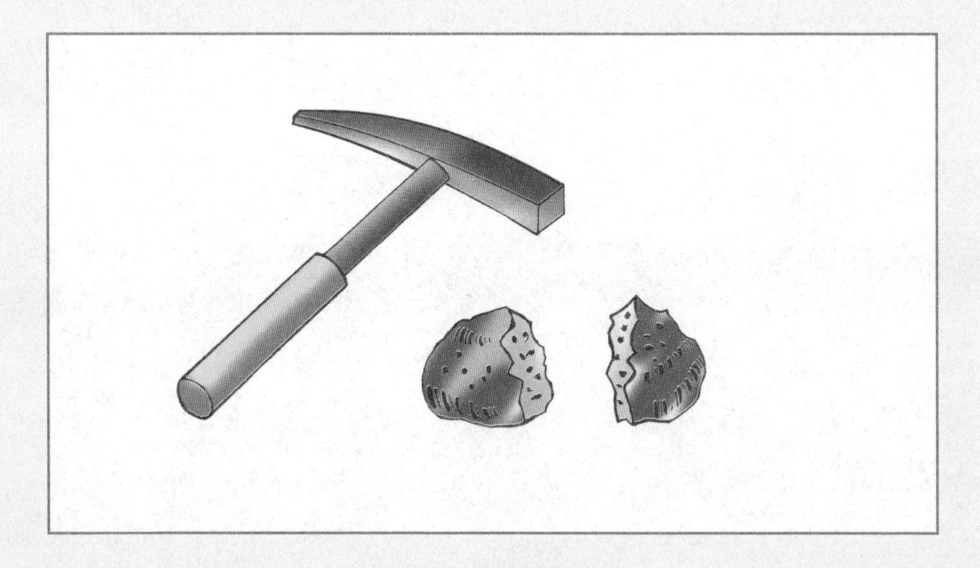

2. 各种岩石样本各取一小块放在装鸡蛋的纸盒上。
3. 从1开始给样本编号，并用记号笔写上这些编号。
4. 利用放大镜观察岩石的新截面，寻找是否存在如下特征。

   火成岩：含有大小不等的结晶体，敲碎后有贝壳状的闪光区域。

   沉积岩：规则的岩层中含有动植物化石；含有小卵石、砂砾、黏土块、煤等。

   变质岩：岩层看起来起伏不定，不太规则。
5. 将你所观察到的特征记录在表格中，并判断各个岩石样本分别属于何种类型。
6. 整理好实验器材，将实验场所打扫干净。

·实验数据·

样本编号	观察到的特征	岩石类型
1号		
2号		
3号		
4号		

分析讨论

1. 根据火成岩的形成原因解释它所具有的典型特征。
2. 根据沉积岩的形成原因解释它所具有的典型特征。
3. 根据变质岩的形成原因解释它所具有的典型特征。

发散思考

1. 了解了三种岩石的基本特征，你能想到它们各自的用途吗?
2. 从三种岩石的形成过程来看，你能推测出它们各自容易出现在什么样的地方吗?

辨识矿物

矿物，一般指天然的同类无机固体物质，具有确定的化学成分和独特的晶体结构、颜色和硬度。金、银、铜等都是常见的矿物质。它们都是地球母亲在漫长变迁过程中孕育出来的，是无法再生的资源。不同的矿物在地层中的含量不同，对人类社会的贡献也不同。辨识矿物是利用矿物的前提。每一种矿物都有自己独有的特征，使其区别于其他的矿物。这些特征正是我们辨识矿物的依据。在本节实验中，我们将要学习如何用科学的方法来确定矿物的种类。

五彩斑斓的矿物晶体

探索主题

矿　物

搜集资料

查找相关资料，简单了解矿物的形成过程。

提出假说

不同矿物具有不同特征，可据此确定它们的种类。

实验材料

1. 白色的陶瓷片
2. 锤子
3. 放大镜
4. 用过的玻璃盘或杯子
5. 小面额的硬币
6. 四种未打磨过的矿物样本（可去野外采集或从商店购买。不要使用已经打磨过的，那样可能会失去某些天然的特征）
7. 四张空白卡片
8. 护目镜

安全提示

在检测矿物属性的过程中要戴上护目镜，尤其是敲打矿物的时候。

实验设计

通过测定矿物的颜色、光泽度、硬度等特征，确定矿物种类。看看不同种矿物所具有的特征有何不同。

·实验程序·

❶ 准备记录卡片：在卡片上填写如右下图所示内容，以记录矿物样本的各种属性。

❷ 为每种矿物编号，并在对应的卡片上写上号码。

❸ 观察四种矿物的外表颜色，并将其记录在对应的卡片上。

❹ 测定矿物条纹：矿物条纹是指当矿物划过某个坚硬的表面时在其上留下的痕迹的颜色。拿起矿物样本，用力地在白瓷片上划过，观察并记录四种矿物在白瓷片上的残留物的颜色。

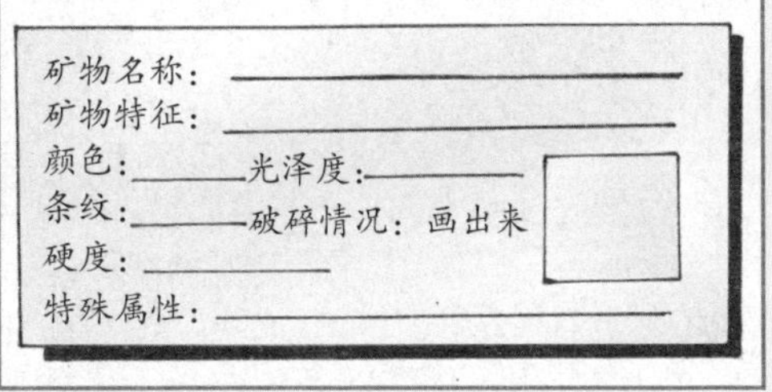
矿物名称：
矿物特征：
颜色：　　光泽度：
条纹：　　破碎情况：画出来
硬度：
特殊属性：

❺ 观察矿物的光泽度：表面是发亮闪光的矿物，比如金、铜等，属于金属性质的；表面黯淡，没有金属光泽的，则属于非金属性质的。描述每种矿物的光泽度并记录在卡片上。

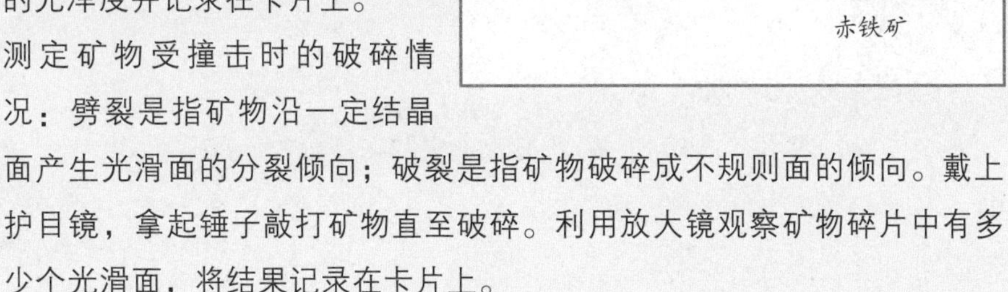

❻ 测定矿物受撞击时的破碎情况：劈裂是指矿物沿一定结晶面产生光滑面的分裂倾向；破裂是指矿物破碎成不规则面的倾向。戴上护目镜，拿起锤子敲打矿物直至破碎。利用放大镜观察矿物碎片中有多少个光滑面，将结果记录在卡片上。

❼ 测定矿物的硬度：分别拿矿物样本划过玻璃、硬币、指甲等，再按照莫氏硬度标准得出各种矿物样本的硬度，记录下来（参见下页莫氏硬度标准表格）。

莫氏硬度标准表

如果矿物能够	莫氏硬度标准
在玻璃上留下划痕	5.5~5.6
在硬币上留下划痕，却不能划花玻璃	3.5~5.5
在指甲上留下划痕，不能划花玻璃和硬币	2.5~3.5
不能划花指甲、玻璃和硬币	1.0~2.5

8. 观察矿物样本是否具有一些特别的属性，比如是否有磁性、能否溶解在水中，或是否有特别的气味、能否与酸起化学反应，等等。如果你观察到了这些，请写在卡片上。
9. 整理好实验器材，将实验场所打扫干净。

分析讨论

1. 在四种矿物中，哪种矿物的条纹颜色最有特点?
2. 在四种矿物中，哪些具有金属光泽? 它们能提炼出金属吗?
3. 在四种矿物中，哪些矿物受撞时劈裂? 哪些受撞时破裂? 你是如何判断的?
4. 在四种矿物中，哪种矿物的硬度最小? 哪种矿物的硬度最大? 为什么?

发散思考

1. 了解了矿物的形成过程以后，你对于如何合理地开发利用矿物有什么想法?
2. 矿物的特征与其用途是如何对应的? 请举例说明。

洞穴的形成

这里所讲的洞穴，是指位于地表以下的天然中空地带，其大小至少能容纳一人进入。地球上有成千上万的天然洞穴，有些只有几米深，有些却能深入地面下几百米，里面还分成许多小空间，彼此由通道相连。很多洞穴里保存着奇特的地形地貌，形成引人入胜的美丽景色。除此之外，天然洞穴还给人类提供了关于远古生命和地质情况的信息。通过它们，科学家已经找到了很多奇异的动物、神奇的植物和地球历史的线索。

大多数洞穴都是由于石灰石被碳酸所溶解而形成的。在本节实验中，我们将通过比较酸性和非酸性溶液与不同地质材料的反应，来证明酸性物质在洞穴的形成过程中起着多么关键的作用。

· 探索主题 ·

洞 穴

提出假说

酸性物质在洞穴形成过程中起着重要作用。

实验材料

1. pH 试纸
2. 发酵粉
3. 汽水（苏打水）
4. 蒸馏水
5. 勺子或滴管
6. 六个塑料杯子
7. 三根纯白色粉笔
8. 三个小鹅卵石
9. 三块贝壳或贝壳片
10. 记号笔

搜集资料

查找相关资料，了解关于洞穴的基本知识。

· 实验设计 ·

通过比较酸性物质与非酸性物质对地质材料的不同作用，确定酸性物质在洞穴形成过程中的重要性。

·实验程序·

1. 在一个杯子中装适量蒸馏水，加入5毫升的发酵粉，搅拌均匀。在杯子外侧写上“发酵粉”。
2. 在第二个杯子内装满水，第三个杯子里装满苏打水，并分别做好标记。
3. 用三张pH试纸分别测定上述三种溶液的酸碱度：每次将一张试纸的一部分浸入液体内几秒钟，取出后观察试纸是否变色。在正常情况下，酸性溶液会让试纸变红，碱性溶液会让试纸变蓝，中性溶液不会让试纸变色。记录你观察到的结果，判断三种溶液的酸碱性。
4. 取剩下的三个空杯子，分别放入一支粉笔、一颗小石子和一片贝壳。
5. 用滴管或勺子取一些苏打水，滴3～4滴在粉笔（成分为石灰石）上。在记录表中描述你所听到的声音和看到的现象，注意：粉笔是否吸收了苏打水?
6. 有什么现象可以证明苏打水溶解了粉笔?
7. 对小石子和贝壳重复步骤 5，记录你所听到和看到的。
8. 用滴管分别取一些发酵粉溶液和水，对三种物质重复步骤 5 的操作，将每次的反应现象都详细地记录在表格中。
9. 整理好实验器材，将实验场所打扫干净。

·实验数据·

项目	水	苏打水	发酵粉溶液
试纸变色情况			
溶液酸碱性			
与粉笔（代表石灰石）的反应	声音： 视觉：	声音： 视觉：	声音： 视觉：
与小石子（代表岩石）的反应	声音： 视觉：	声音： 视觉：	声音： 视觉：
与贝壳（代表石灰石）的反应	声音： 视觉：	声音： 视觉：	声音： 视觉：

分析讨论

1. 苏打水的主要成分是什么？它的酸碱性如何？
2. 发酵粉的主要成分是什么？其溶液的酸碱性如何？
3. 酸性物质腐蚀石灰石的过程是化学变化吗？你是如何判断的？

发散思考

大部分洞穴都是由石灰石被碳酸溶解形成的，那么其余的小部分洞穴的形成原理是什么呢？如果你不知道，请通过网络或去图书馆寻找到答案。

洞穴奇观——石钟乳与石笋

在含有碳酸成分的地下水长期冲刷和腐蚀之下，地表以下逐渐出现了人能进入的天然地下空间——洞穴（见《洞穴的形成》）。洞穴形成后地下水对岩石（多为石灰岩）的侵蚀仍然继续，因此含有石灰岩的溶液会不断渗透，从洞顶滴向洞底。由于下滴的速度通常非常缓慢，溶液中的二氧化碳挥发，液体成分蒸发，剩下的碳酸钙沉积在一起，就形成了自上而下类似冰柱的石钟乳；如果溶液滴到了地上，待二氧化碳和液体挥发后，碳酸钙便从地面逐渐往上堆积，像竹笋的生长一样，因此被称为石笋。也就是说，石钟乳和石笋其实都是碳酸钙沉积物。

从石钟乳和石笋的形成原理可以看出，它们的形成过程与水中含有的矿物成分和水的蒸发速度有关。在本节实验中，我们就用两种不同的矿物来模拟一下石钟乳的形成。

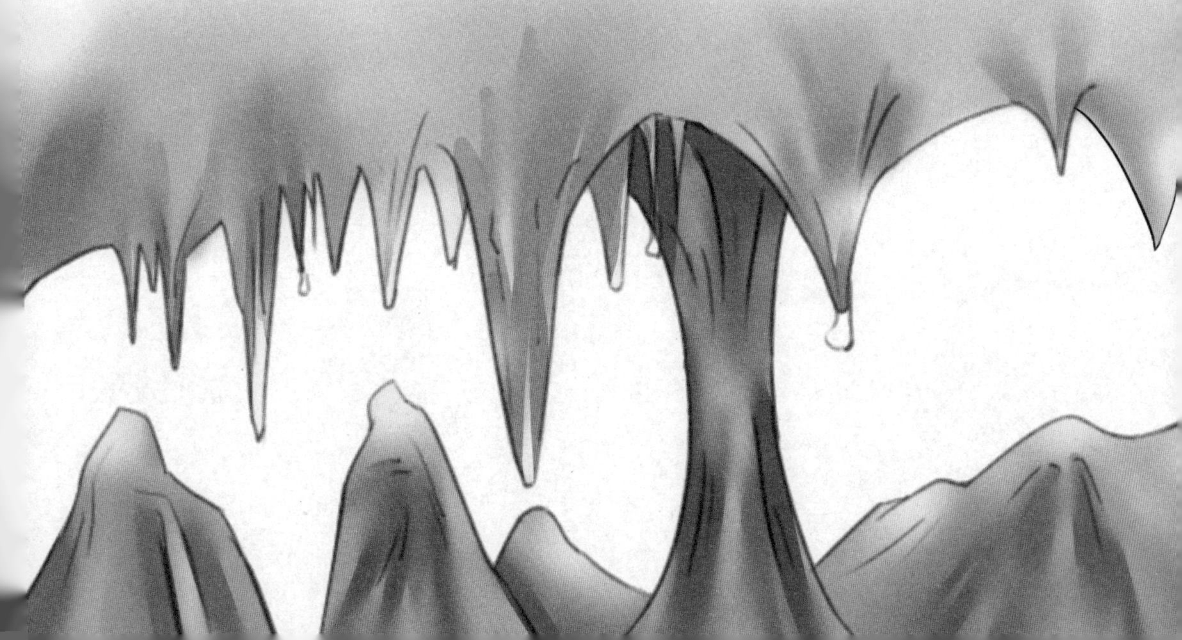

探索主题

石钟乳和石笋

搜集资料

查找相关资料，了解关于石钟乳和石笋的基本知识。

提出假说

形成石钟乳和石笋的主要矿物成分是碳酸盐。

实验材料

1. 四个玻璃杯或玻璃罐子（带盖）
2. 热水
3. 发酵粉（主要成分为碳酸氢钠，是一种碳酸盐）
4. 泻盐（主要成分是硫酸镁，不含碳酸盐）
5. 两个勺子
6. 黑色的纸
7. 四个小垫圈
8. 剪刀
9. 碗
10. 1米长的纱线
11. 胶带
12. 记号笔

实验设计

创造让矿物沉积的条件，模拟石钟乳和石笋的形成；并比较不同矿物沉积的难易度，以确定石钟乳和石笋的主要成分。

·实验程序·

1. 在碗里倒入两杯热水，放入发酵粉进行搅拌。待发酵粉溶解后，再加入一些发酵粉继续搅拌；如此重复直到溶液饱和，即碗的底部出现了少量发酵粉沉淀物无法溶解。
2. 把发酵粉饱和溶液平均分配，倒入两个杯子当中。
3. 放一张黑纸在桌面上，再把两个杯子分别放在黑纸的两端。
4. 截取一段纱线，其长度要求是：两端能分别轻松地垂到两个杯子底部。
5. 在纱线的两端分别系上一个垫圈。
6. 小心地将纱线的两端分别放入两个玻璃杯中。
7. 用胶带和记号笔在两个玻璃杯上做上标签：碳酸盐。
8. 用泻盐取代发酵粉，重复步骤1—7。在新的一组杯子上做上标签：硫酸镁。

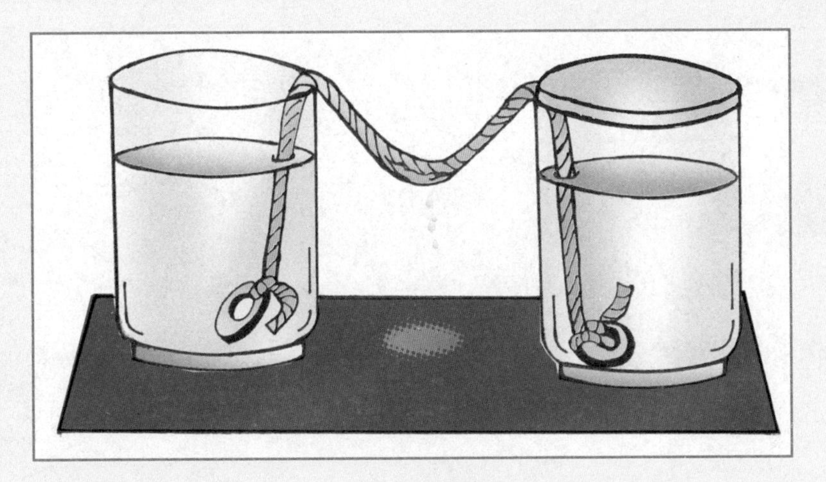

9. 让两组杯子在温暖、有光照的环境中静置8～12天（加盖）。
10. 每天注意观察纱线和黑纸上有没有变化、有什么变化，将你看到的记录下来。
11. 整理好实验器材，将实验场所打扫干净。

·实验数据·

类 型	碳酸盐溶液		硫酸镁溶液	
时间	纱线上	黑纸上	纱线上	黑纸上
第1天				
第2天				
第3天				
第4天				
第5天				
第6天				
第7天				
第8天				

分析讨论

1. 就一种溶液而言，它在纱线和黑纸上形成的物质的成分是相同的吗？为什么？
2. 为什么要求将两组杯子放置在温暖、有光照的环境中？
3. 根据实验结果，你认为哪种矿物与石钟乳、石笋的形成密切相关，为什么？

发散思考

这个实验只考察了矿物类型对于石钟乳形成的影响，你是否能设计一个实验，探索一下水的蒸发速度对石钟乳形成的影响呢？

提示：改变环境温度。

什么样的生物体能成为最好的化石？

除了生物体被埋葬地的土壤环境外，生物体自身的物理特征也是影响化石品质的一个关键因素。在本节实验中，我们来比较一下一些具有不同物理属性的生物体形成化石的情况，总结出哪些物理信息在化石中会保存得更加完整和持久。

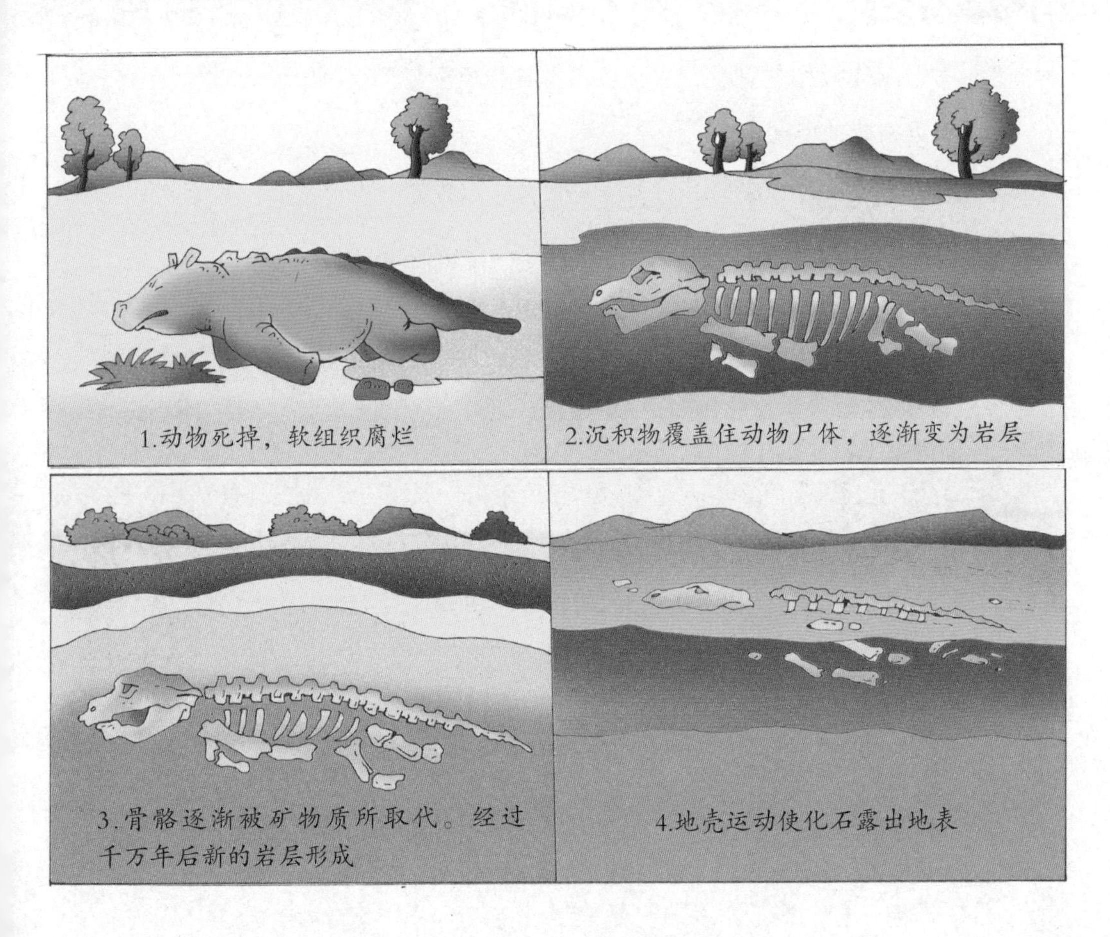

· 探索主题 ·

化 石

搜集资料

查找相关资料，了解化石形成的基本知识。

提出假说

生物体的物理特性会影响其形成化石的品质。

实验材料

1. 用于制作模型的黏土
2. 蕨类植物的叶子
3. 鸡骨头或其他小型骨头
4. 贝壳
5. 羽毛
6. 厚重的书
7. 尺子
8. 铅笔
9. 放大镜
10. 蜡纸
11. 胶带
12. 四块纸板

安全提示

拿起重物时要小心，避免失手掉落砸到脚。

· 实验设计 ·

用具有物理特性的物体制作出化石模子，比较模子的品质，以确定什么样的特征最容易保留下来。

实验程序

1. 用手感觉骨头、贝壳、羽毛和蕨类植物的触感是坚硬的还是柔软的，记录在表格中。
2. 对这些生物体的形状进行描述，包括它们的高度与宽度等。将具体细节填在表格中。
3. 在每块纸板上铺一张蜡纸，再在蜡纸上放一块长方体的黏土。要求四块黏土的大小、厚度都相同，其厚度必须是上述四种生物体的最大厚度的两倍以上，宽度至少比四种生物体的最长直径长3厘米。
4. 将黏土块靠近墙面平放在桌面上，再将直尺贴在墙面上。轻轻地将骨头放在第一块黏土上，不要对黏土施加压力。

5. 将那本厚重的书举至黏土上方5厘米处，松手，让书自然落下。
6. 移开书，再轻轻地移开骨头。
7. 对其他三种物体重复步骤4—6的操作。每次更换一块黏土，保证每次书都从同样的高度落下。
8. 利用放大镜和尺子对四个黏土模子的特征进行观察，并记录在表格中。
9. 整理好实验器材，将实验场所打扫干净。

·实验数据·

项目	贝壳	骨头	羽毛	蕨类植物
生物体的硬度/柔软度				
生物体形状的细节描述				
黏土模子形状的细节描述				
生物体的特征				
黏土模子的特征				
生物体的高度和宽度				
黏土模子的高度和宽度				

分析讨论

1. 生物体的哪些信息容易在化石（模子）中被保留下来?
2. 化石（模子）容易遗失哪些生物体信息?
3. 总结一下具有何种特性的生物体更容易成为保留较多信息的化石。

发散思考

1. 如果你制成的模子上没有任何有关生物体的细节信息，甚至看不出是哪种物体的模子，问题可能出在哪里?你该怎么办?
2. 除了生物体本身的特征，还有哪些因素会影响化石的品质?

化石最容易在哪种土壤环境中形成？

化石，是保存在岩层中的古生物遗体、遗物或遗迹，它们对于研究地球各时期的生态地质环境及动植物的发展演化有重要意义。化石保存的细节信息越全面，其科学价值就越高。影响化石形成的一个重要因素是保存生物遗体或遗迹的沉积物类型。在本节实验中，我们就将简单地探索一下不同土壤环境中形成的化石的品质有何差别。

化石

霸王王冠虫化石

古来德利基虫化石

鱼化石

古老蜥蜴化石

探索主题

化石

搜集资料

查找相关资料，了解化石形成的基本知识。

提出假说

土壤环境会影响化石品质。

实验材料

1. 石膏
2. 一个有典型特征的贝壳
3. 两个一次性塑料容器，大小要求能装下贝壳
4. 水
5. 刀子（刀片较薄为佳）
6. 一次性勺子
7. 尺子
8. 镊子
9. 吸管
10. 记号笔
11. 能装 800 毫升水的碗
12. 300 毫升左右的沙子
13. 800 毫升左右潮湿、含有机物的表层土（可在花园里找到）

实验设计

创造出不同的土壤条件，比较在这些土壤中形成的化石品质。

安全提示

在取出化石模子时要十分小心，防止被刀子或破损的塑料容器碎片划伤。

· 实验程序 ·

1. 观察你所使用的贝壳的特征，并将它用文字或图画记录下来。可借助尺子测量它的尺寸（直径、厚度等），描述得越详细越好。
2. 在一个碗中加入250毫升的沙和250毫升的表层土，均匀地混合在一起。倒入一个一次性塑料容器中，标明：潮土。
3. 再在碗中加入500毫升的表层土和120毫升的水，混合后倒入另一个塑料容器，标明：湿土。
4. 通过摇晃容器等方法使两个容器中的土层分布均匀，表面水平，且要求土层厚度不少于5厘米。
5. 将尺子的“0”刻度对准吸管的一端，然后在吸管的2厘米处做上记号。
6. 保持贝壳脊部朝上，将贝壳放在潮土上。轻轻地将吸管放在贝脊中部，然后手指用力将吸管往下压，直到吸管上的记号与土层表面相平。这个时候贝壳被压进土层中2厘米。

7. 用镊子小心地将贝壳夹起，尽量不要碰到潮土。
8. 将贝壳洗净并擦干。在湿土中重复步骤6—7。
9. 调好足量石膏，分别倒入两个容器中，各形成2.5厘米的石膏层。
10. 等待12个小时，让石膏层变硬。
11. 利用刀子等工具将两个土层中的化石模子取出来。这可能需要将塑料容器破坏。
12. 对两个模子的细节进行描述。
13. 整理好实验器材，将实验场所打扫干净。

· 实验数据 ·

条 件	尺 寸	其他独有的特征
贝壳		
潮土中的化石模子		
湿土中的化石模子		

分析讨论

1. 你所使用的贝壳具有什么样的典型特征?
2. 潮土与湿土有什么区别?
3. 潮土与湿土，哪种更有利于保留化石（模子）的信息?为什么?

发散思考

1. 如果你取出的模子就是一团石膏均匀分布形成的，根本没带有任何化石特征，即看不到任何有关贝壳特征的信息，可能的原因是什么?
2. 根据实验结果，你认为在什么样的环境中更容易发现品质良好的化石?

酸雨是怎样影响植物生长的？

人类在工业生产和能源消耗的过程中会向空气中排放大量酸性物质，这些酸性排放物又将随着雨、雪降落下来，形成酸雨。酸雨会对环境造成严重的污染，并且还会威胁人类的健康。酸雨已经引起了人们的高度重视，并采取了很多措施来治理这一现象。在本节实验中，我们来了解一下酸雨对植物生长有些什么样的影响。

·探索主题·

酸雨

提出假说

酸雨对植物生长有很大危害。

搜集资料

查找相关资料，了解酸雨的成因和危害。

实验材料

1. 四个干净的小广口瓶
2. 四个标签
3. 两个大的装水的容器
4. 石蕊试纸（或其他 pH 试纸）
5. 两种易存活的植物各两株，比如常春藤、秋海棠等
6. 白醋
7. 碳酸氢钠
8. 量杯和量匙
9. 搅拌器
10. 水

·实验设计·

制备酸性溶液，观察其对植物生长的影响，以推断酸雨对植物生长的影响。

实验程序

1. 给四个广口瓶贴上标签，其中两个写上“中性”，另外两个写上“酸性”。
2. 在两个容器中倒入水。
3. 用试纸测量一个容器中水的pH值，正常情况下应该是7.0。如果高于7.0，可以加点白醋中和一下，并重新测量。如果低于7.0，就加点碳酸氢钠，重复测量直到容器中水的pH值等于7.0。
4. 将一汤匙（约15毫升）醋加入另一个装水的容器，测量其pH值，如果高于4.0则继续加醋，低于4.0则加碳酸氢钠，然后再次测量，重复这一个过程直至容器中水的pH值等于4.0。
5. 在贴着“中性”标签的两个广口瓶里装入第一个容器（pH值等于7.0）中的水，在贴着“酸性”标签的两个广口瓶里装入第二个容器（pH值等于4.0）中的水，保证4个瓶子里的水量相同。
6. 将两种植物分别放入“中性”广口瓶和“酸性”广口瓶中，保证它们的根茎部分（最低的叶子）浸泡在水中（见下图）。

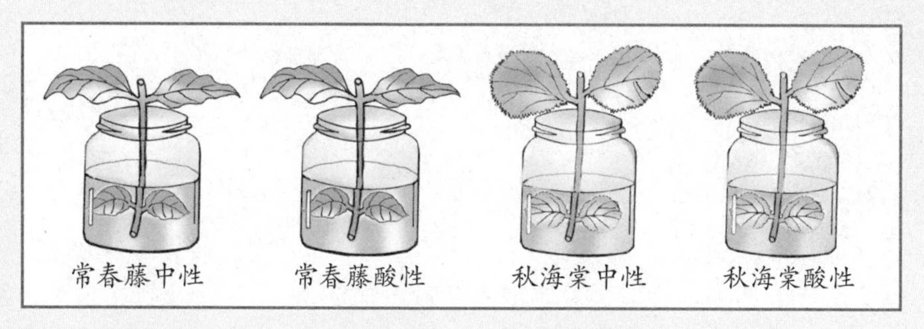

7. 制作一张表格，记录下这四棵植物初始的情况如何。
8. 在接下来的两个星期内，每天都要检查植株是否浸泡在水中，给“中性”广口瓶中加上中性水，给“酸性”广口瓶中加上酸性水，并定期检查瓶中水的pH值是否还是7.0和4.0。如果不是，用碳酸氢钠或醋来调节，使pH值达到7.0或4.0。
9. 每天都记录下植株的生长情况。
10. 整理好实验器材，将实验场所打扫干净。

·实验数据·

第一周	星期一	星期二	星期三	星期四	星期五	星期六	星期日
常春藤（酸性）							
秋海棠（酸性）							
常春藤（中性）							
秋海棠（中性）							

第二周	星期一	星期二	星期三	星期四	星期五	星期六	星期日
常春藤（酸性）							
秋海棠（酸性）							
常春藤（中性）							
秋海棠（中性）							

分析讨论

1. 酸性水有没有对植物造成危害？有哪些现象可以证明这一点？
2. 酸性强弱与危害程度有什么关系？
3. 由此实验结果能否证明酸雨会对植物生长造成重大伤害？

发散思考

1. 酸雨会影响植物生长，那么碱性物质（pH值大于7）会对植物造成危害吗？
2. 采取什么措施能减少酸雨带来的伤害？

流星给地球带来的“伤疤”

晴朗的夜晚，看着美丽的流星划过夜空，在视觉上的确是一种享受。但是从天文学的角度讲，流星其实是宇宙中的小天体高速闯入地球大气层后，与大气摩擦产生的灼热发光现象。大多数流星体在这个过程中被完全气化了，只有少部分的大流星未燃烧尽，残骸坠落到地球表面，被称为“陨石”。所以，美丽的流星其实代表着流星体的消亡，残留的陨石在落下时也会给地球带来“伤疤”——陨石坑。这些伤疤的大小、形状，与流星体的大小、撞击地球的角度和力量等因素都有关系。在本节实验中，我们就来模拟地球“伤疤”的产生过程，看看流星体的各种属性如何影响陨石坑的形状和大小。

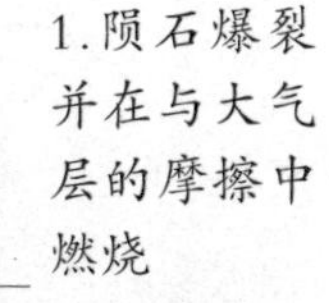

1.陨石爆裂并在与大气层的摩擦中燃烧

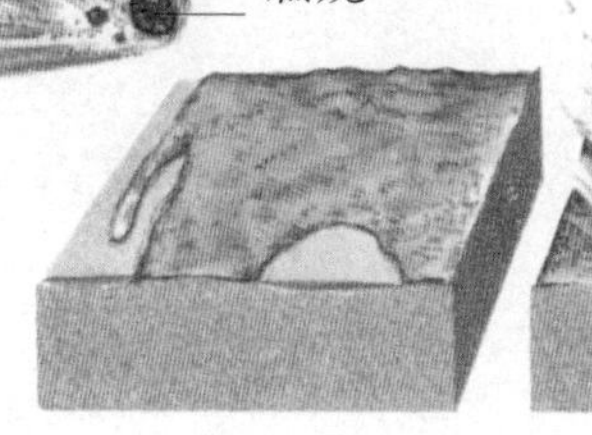

2.在撞击地面的时候，陨石外层的岩石粉碎

3.在陨石撞入地球时，冲击波沿地球表面传播开来

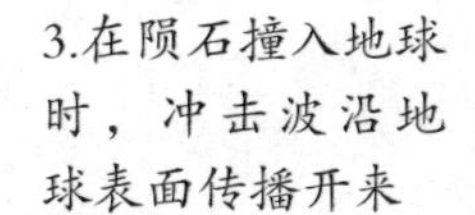

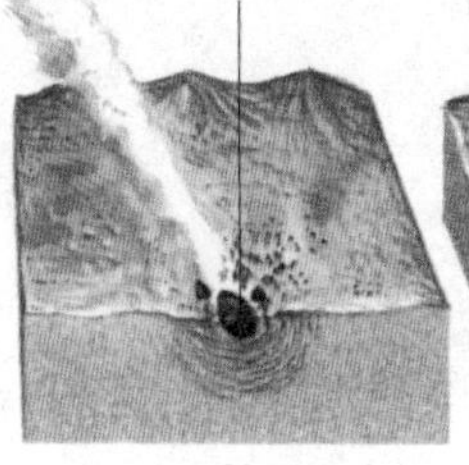

4.由高温和高压引起的爆炸将地球表面炸开一个坑

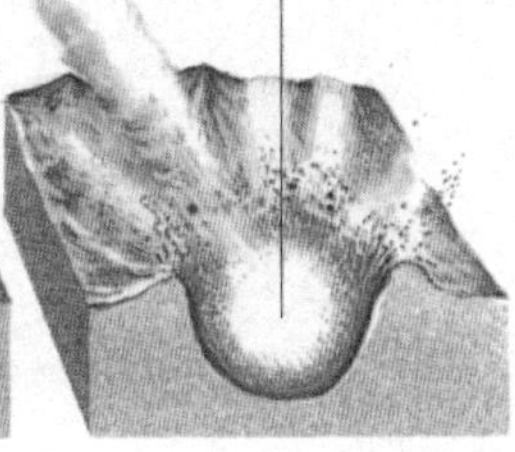

探索主题

陨 石

搜集资料

查找相关资料，了解流星与陨石的基本知识。

提出假说

陨石坑的形状和大小受到多种因素的影响，如星体大小、撞击速度和角度等。

实验材料

1. 长方形的塑料容器，长度和宽度在 12 ~ 18 厘米，深度不小于 5 厘米
2. 细密、干燥的沙子
3. 与沙子颜色不同的粉末，比如辣椒粉、面粉等
4. 空的调料瓶，可以撒出粉末的那种
5. 6 个（每组 3 个相同的）用来模拟流星体的圆形物体（弹珠、糖果、小鹅卵石等）：一组质量较轻的，一组质量较重的
6. 有刻度的尺子
7. 量角器
8. 约 30 厘米长的线
9. 胶带

实验设计

利用物体模拟陨石坑的产生过程，观察陨石坑属性变化；比较不同大小物体以不同速度和角度产生撞击时有什么不同。

实验程序

1. 在塑料容器中装入占总容量3/4的沙子。摇动容器直到沙子均匀分布在容器中，且表面水平。
2. 将容器放在地上，用调料瓶装上颜色粉末并均匀地撒在沙子表面，这样做是为了便于测量“陨石坑”的大小和形状。
3. 验证流星体的大小对陨石坑的影响：站在容器旁边，拿起一个质量较轻的物体，在距离沙面1米高处轻轻松手，让其自然地垂直落下。用同样的动作让另两个质量较轻的物体落在沙面上。注意让落点分开，以免形成的“陨石坑”互相影响。
4. 用尺子测量出3个坑洞的直径和深度，取其平均值填写在记录表中。
5. 重新将容器中的沙摇动至均匀分布，保持沙面水平。
6. 对3个质量较重的物体重复步骤2—4。
7. 验证流星体的速度对陨石坑的影响：先重复步骤1，接着重复步骤2。接着站在容器边，让3个质量较重的物体分别从距离沙面2米高处自由落下。仍然注意使落点分开。
8. 用尺子测量出此时的3个坑洞的直径和深度，取平均值记录在表格当中。
9. 重复步骤6—7，测量3个质量较重的物体分别从0.5米高处自由落下时在沙面形成的坑洞的情况。
10. 按照先前的方法将容器中的沙摇动至均匀分布，保持沙面水平，并撒上颜色粉末。
11. 验证流星体与地球撞击角度对陨石坑的影响：将线的一端固定在量角器的中心点上，再将量角器竖立着粘贴在容器底部。

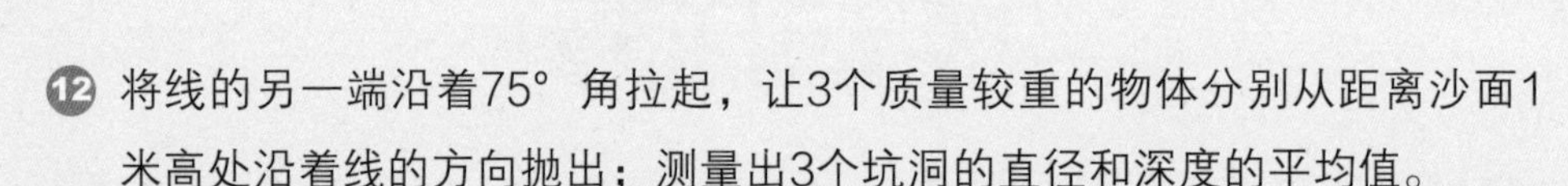

⑫ 将线的另一端沿着75° 角拉起，让3个质量较重的物体分别从距离沙面1米高处沿着线的方向抛出；测量出3个坑洞的直径和深度的平均值。

⑬ 用同样的方法测出3个质量较重的物体从45° 角抛出形成的坑洞的情况。

⑭ 整理好实验器材，将实验场所打扫干净。

· 实验数据 ·

类 型	“流星体”属性	坑洞情况	
		直径	深度
不同大小的“流星体”以相同速度落下	质量较轻		
	质量较重		
同样质量的“流星体”下落速度不同	2米		
	1米		
同样质量的“流星体”以相同速度从不同角度撞击沙面	75°		
	45°		

分析讨论

❶ 流星体模拟物的大小是如何影响坑洞特点的?

❷ 流星体模拟物的撞击速度对坑洞形成有怎样的影响?

❸ 流星体模拟物的撞击角度是否影响坑洞的特征?

发散思考

❶ 陨石除了在地球表面留下大大小小的坑洞外，对人类有没有积极意义?

❷ 流星雨是怎么形成的?

垃圾到哪儿去了？

我们每天都要扔掉无数的垃圾，那你知道这些垃圾到哪儿去了吗？这个问题很简单：垃圾场嘛！那么，到了垃圾场以后又如何处理呢？我们的垃圾会不会越扔越多，把城市堆满了？现在我们来做个实验，就知道这些垃圾到哪儿去了。

探索主题

垃圾处理

搜集资料

查找相关资料，了解我们的生活垃圾都是如何处理的。

提出假说

细菌帮助人类处理生活垃圾。

实验材料

1. 2个带洞的塑料袋，每个袋子上有大约20个随机分布的洞。每个洞直径大约为1.25厘米（用铅笔就可以完成打洞的任务）
2. 两根用来打结的绳子
3. 5种不同的生活垃圾，每种2份（例如：2个快餐盒，2个易拉罐，2堆吃剩的骨头，2根小木棍，2个玻璃瓶）
4. 能够长期放置的标签
5. 一些土壤
6. 塑料手套

安全提示

实验过程中要戴上手套，注意卫生。

·实验设计·

观察垃圾的腐烂分解过程，确定细菌所起作用。

·实验程序·

1. 准备一份记录表，描述将要放进塑料袋的物品，并记录在表中。
2. 将同样的垃圾分别放入两个塑料袋中，其中一个塑料袋中只洒少量的水，另一个则用土壤将物品掩盖后再洒上同样多的水，然后将袋口用绳子系紧。
3. 将两个塑料袋分别贴上标签，注明哪个塑料袋中有土壤，然后将两个塑料袋放置到阴凉的地方。
4. 每隔2~3个星期打开一次塑料袋，洒上更多的水，再重新将袋口用绳子系紧。3个月后，打开塑料袋，将里面的东西分别倒在废报纸上。记住要戴手套，将每件物品的变化都记录下来以进行比较。
5. 分析每个袋子中微生物（细菌）的作用，注意物品是否发臭、产生黏液或是变黑，这些都是由细菌引起的变化，将这些情况都记录在表格中。
6. 整理好实验器材，将实验场所打扫干净。

·实验数据·

观察日期	有土壤条件（细菌多）					无土壤条件（细菌少）				
	垃圾1	垃圾2	垃圾3	垃圾4	垃圾5	垃圾1	垃圾2	垃圾3	垃圾4	垃圾5

分析讨论

1. 你观察到了哪些细菌引起的变化?
2. 有土壤条件和无土壤条件，哪种更有利于垃圾的分解腐烂? 哪些现象可以说明?
3. 你是否证明了细菌对垃圾分解有重要作用? 为什么?

发散思考

1. 试着改变一下外部条件（比如把塑料袋放在温度、湿度不同的地方），观察这些条件对物体的分解起什么样的作用。
2. 对于非垃圾物品，如何防止其腐烂?

利用垃圾来养花

农民能用农家肥来种菜，我们也能利用一些生活中的垃圾来养花。下面我们就来试验一下，哪些垃圾可以分解成植物生长所需要的养分。

·探索主题·

有机物

提出假说

有机物能分解成为植物所需要的养分。

搜集资料

查找资料，了解有机物做花肥的例子。

实验材料

1. 两个花盆（塑料的或陶瓷的均可，底部要有一个或几个洞以便排水）
2. 到院子里去取一些表层土（1千克左右），并找来一些沙子（2千克左右）
3. 找2千克左右有机物垃圾（蔬菜、落叶、树枝等）
4. 两株一年生的花或其他植物（如向日葵、西红柿等）
5. 塑料手套

·实验设计·

通过观察植物的生长情况，确定有机物是否能分解成养分。

实验程序

1. 将表层土和沙混合，注意在整个过程中一定要戴上手套。
2. 在1号花盆里放进表层土和沙的土壤混合物，装至花盆顶部约5厘米的距离。然后把要种的花或植物放入其中，使其根部埋在土壤中，多浇水。
3. 将表层土和沙子的混合物与有机物垃圾彻底搅拌，然后再放进2号花盆里，同时将花或植物放入其中，使其根部掩埋在土壤中，浇适量的水。

4. 将两盆花放到阳光充足的地方，定期浇水，尤其是在花盆中的土壤比较干燥的时候。
5. 定期观察植物长势如何，有条件的话定期拍下照片，记录下两株植物的高度和其他不同之处。
6. 整理好实验器材，将实验场所打扫干净。

·实验数据·

观察日期	植物1的生长情况	植物2的生长情况

分析讨论

1. 哪个花盆里的植物生长得更好？你为什么这样认为？
2. 实验中为什么要求将花盆放在阳光充足的地方，并定期浇水？
3. 根据实验结果，你认为有机物能分解成植物生长所需要的养分吗？为什么？

发散思考

1. 你知道哪些有机物最适合做花肥吗？设计一系列实验来找出答案。
2. 你了解有机物和无机物的区别吗？

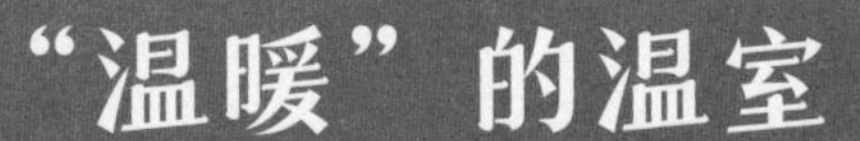

“温暖”的温室

冬天，大雪纷飞，候鸟南迁，所有的生命似乎都在这寒冷的气候里停止了生长。想在冬季吃到新鲜的蔬菜和水果曾经只是个幻想。但是，温室的出现已将这个幻想变为了现实。简单的大棚和玻璃房将室内和室外变成了两个世界，水果、蔬菜、鲜花……都在冬天的温室内快乐地生长。那么，温室内的温度到底比室外高多少呢？它为什么会如此温暖呢？通过本节的实验，我们可以对这些问题做出简单的回答。

探索主题

温 室

搜集资料

查找相关资料，简单了解温室的知识。

提出假说

光照越强，温室内外温差越大。

实验材料

1. 两支摄氏温度计
2. 四块木板，尺寸为 2.5 厘米 ×15 厘米 ×25 厘米
3. 一块厚度为 0.5 厘米，长、宽均为 30 厘米的透明塑料板或玻璃板
4. 八根 5 厘米长的钉子
5. 锤子
6. 护目镜
7. 手套

安全提示

在制作简易温室时要在家长的帮助下进行，戴上护目镜和手套。

·实验设计·

比较温室内外的温度，结合天气情况推断温室温度与光照的关系。

·实验程序·

1. 制作简易温室：戴上眼镜和手套，在家长的帮助下，用锤子将四块木板钉成一个上下无盖的方筒。在每个接口处用两根钉子将互相垂直的两块木板紧紧地钉在一起。
2. 将做好的木头方筒放在桌面上，再把透明塑料板或玻璃盖在它的上面。确认塑料板或玻璃已经完全盖住箱子的顶部，没有任何缺口。这样就制成了简易温室。
3. 将简易温室拿到户外，放在一个阳光能照射到的地方。放一支温度计在温室里面，另外一支温度计放在离温室不远的室外。
4. 七天之内，每天早晨、下午和晚上的同一时间记录两支温度计所显示的温度，也就是记录温室外和温室内的温度。如果七天内有三天以上是阴雨天气，就相应地增加记录天数。
5. 同时将每天的天气状况记录在表格中。
6. 整理好实验器材，将实验场所打扫干净。

环境条件		第一天	第二天	第三天	第四天	第五天	第六天	第七天
室内	早							
	中							
	晚							
室外	早							
	中							
	晚							

分析讨论

1. 在同一天内，温室内的温度是不是一直都比温室外高?
2. 光照是不是会影响温室内外的温差? 如果是，是如何影响的?
3. 实验结果是否能证明你提出的假设?

发散思考

如果将地球的大气层看作四壁和顶，那么在大气层包裹下的地球就相当于一间温室。试根据温室的原理解释为什么当空气中的二氧化碳等吸收长波辐射的气体增多时，地球温度会急剧增高? 提示：查找有关地球“温室效应”的资料。

地下水污染

水污染在今天早已不是什么新鲜的话题。大量工业废水、农业用水、生活污水及各种垃圾被倾倒入水源中，使得水质变差，水体内生物大量死亡……作为生活用水来源的地下水也难逃此劫。有毒的化学药品和肥料等通过土壤渗透到地下蓄水层中，给人类的健康造成了巨大的威胁。

在本节实验中，我们要来制作一个模型，演示水在地下是怎样储存的，地下水又是怎样被污染的。

探索主题

水污染

搜集资料

查找相关资料，了解有关水污染的知识。

提出假说

生活中有很多污染源会造成地下水污染。

实验材料

1. 长宽为 20 厘米和 15 厘米、深度至少为 15 厘米的透明塑料容器两个
2. 黏土
3. 沙子
4. 铺在鱼缸里的小石子，清洗干净
5. 较粗的塑料吸管
6. 带喷嘴的塑料喷壶
7. 绿色毡布，大小约为 8 厘米 ×13 厘米
8. 可可粉
9. 红色食用色素
10. 干净的水
11. 胶带

实验设计

通过建立地下蓄水层模型，了解地下水的污染源和污染过程。

·实验程序·

1. 用胶带将吸管垂直地粘在容器的一侧内壁上，注意不要让吸管的底部与容器底部接触。吸管在这里充当地下水系统中的“井”。
2. 在容器底部均匀地铺上一层4厘米厚的沙子。

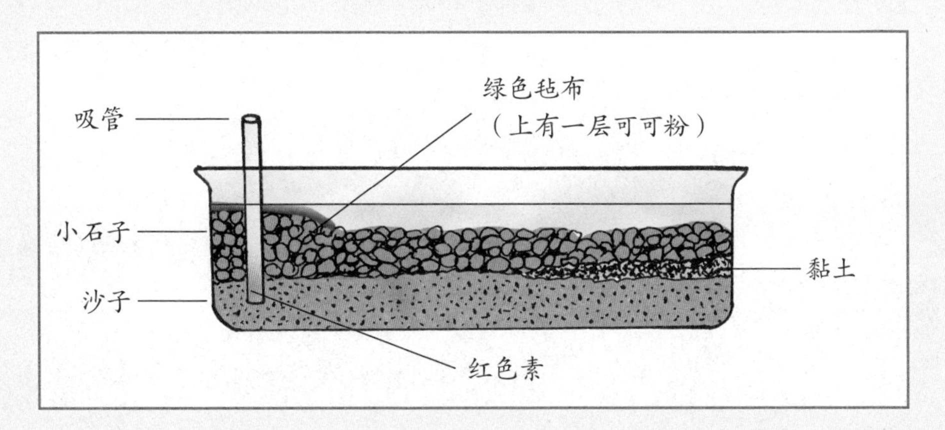

3. 往沙子上浇水，让沙子湿润但是不要有泥浆出现。浇进去的水会被沙层吸收并环绕在沙粒之间，就像地下水的储存模式一样。
4. 在容器内一部分的沙层上面铺上一层薄薄的黏土，用手将黏土的边缘与容器三侧的内壁粘在一起。
5. 往黏土层上浇一些水。大部分都会留在黏土表面，少部分会流到未被盖住的沙层上。
6. 在沙层和黏土层表面铺上一层小石子。在容器的一端，刻意地堆出一个小坡。往容器内注水，直到水面与小坡相平。这样就形成了一个地下蓄水层的模拟系统。
7. 往吸管中加入一些红色色素来代表污染物。因为人们常常往废弃的老井中倾倒垃圾、废油料和化学药品等，所以这是为了演示地下水污染的一种途径。观察并记录红色素是否会将蓄水层中的沙子染红。

8. 将小块绿色毡布放在小坡上，用少量黏土将它与容器壁固定在一起。在毡布上放一些可可粉，代表草坪或田地里过量的化肥。
9. 用喷水壶在小坡上方制造一场“人工雨”，让可可粉从毡布上滑落水中。这是到达地下水的另一种污染源。
10. 检查吸管“井”四周的污染情况是否加剧。取出喷水壶里的喷头（带管子），将其插入吸管中。用力压一下，吸取一些“井”中的水，观察并记录这些水的颜色和含杂质的情况。
11. 整理好实验器材，将实验场所打扫干净。

·实验数据·

项 目	请描述你所看到的蓄水层中的变化
加入红色色素	
加入可可粉	
抽出“井”中的水	

分析讨论

1. 红色色素（代表污染物）最后会出现在蓄水层的哪些部位?
2. 可可粉（代表过量化肥）最后在蓄水层中怎样分布?
3. 地下水受到污染的途径和过程是怎样的?

发散思考

1. 除了实验中提到的两种途径，人类还有哪些行为会造成地下水污染?
2. 你知道人们采取了哪些措施来改变地下水的污染状况吗?

净化地下水

前一个实验中已经提到，地下水遭到了严重污染，里面包含了许多对人类有害的物质。因此在使用被污染的地下水之前，必须要执行严格的净化程序。在本节实验中，我们就来试试如何将污水净化成可以再次使用的干净水。

探索主题

水的净化

搜集资料

查找相关资料，了解净化水的一些基本方法。

提出假说

经过一系列步骤后，污水可被净化为可使用水。

实验材料

1. 5升泥浆水（在5升水中加入一些脏东西和泥土）
2. 5升自来水
3. 三个大的透明饮料瓶：一个完整的，一个去掉顶部，一个去掉底部
4. 1.5升以上的敞口杯
5. 20克明矾
6. 0.7千克细沙
7. 0.7千克粗沙
8. 0.5千克小鹅卵石
9. 500毫升的敞口杯
10. 过滤纸
11. 橡皮筋
12. 搅拌棒
13. 剪刀

安全提示

不要饮用实验中用到的水。用剪刀时要小心。

·实验设计·

亲自动手净化一杯水，以了解净化水的一般步骤。

·实验程序·

1. 在一个完整的大饮料瓶中加入1.5升的泥浆水。在记录表中描述泥浆水的外形和气味。
2. 充气：盖上饮料瓶盖，使劲地晃动瓶子半分钟。这种晃动会让泥浆中的其他气体跑出来，而往水中加入氧气。接着拿出去掉顶部的饮料瓶，用两个瓶子来回翻倒脏水十次。描述所有你所看到的变化。接着将充满氧气的脏水倒入大敞口杯中。
3. 凝结固体杂质：往脏水中加入明矾，慢慢地搅拌5分钟。
4. 沉淀：将大敞口杯静置20分钟。每5分钟观察一次，记录所有你看到的变化。
5. 制作过滤器：用橡皮筋将过滤纸固定在去掉底部的饮料瓶的瓶口处。然后将瓶子倒转，放入一些小鹅卵石。过滤纸可以保证这些小石头不从瓶口掉出来。在卵石层上放一层粗沙，然后再放一层细沙。这样便制成了简易过滤器。
6. 清洁过滤器：小心翼翼地往这个过滤器中慢慢注入5升自来水，注意不要将细沙冲掉。待水流尽后，过滤器就可以使用了。
7. 过滤泥浆水：待大敞口杯底部出现了大量沉积物之后，小心翼翼地将杯中上面2/3的水倒入过滤器中。用另一个敞口杯在过滤器底部接住过滤后的水。
8. 观察并记录处理过的水的外形和气味，并和最开始的泥浆水相比较。需要说明，在实际的污水处理中，过滤后的水中还要加入化学物质消毒，以消灭那些会危害健康的微生物。因为这项操作非常复杂，所以不放在这个实验中。因此，我们按上述方法得到的水还是不能饮用的。

9 整理好实验器材，将实验场所打扫干净。

· 实验数据 ·

项目	水的变化	
	外形	气味
最初		
充气后		
沉淀后		
过滤后		

分析讨论

1. 为什么实验中要使用自制泥浆水，而不是从脏水沟里取用污水？
2. 在水中加入明矾的目的是什么？加入后会出现什么现象？
3. 总结净化脏水的基本步骤（包括消毒杀菌）。

发散思考

1. 你知道用于自来水消毒杀菌的物质是什么吗？它是什么颜色的，有什么气味？你是怎么推断出来的？提示：观察刚刚消毒后的游泳池。
2. 在实际生活中，什么样的污水比较容易净化干净？而什么样的污水不容易被净化？